纸上魔方 / 编著

图形内的奇妙数学

山东人民出版社
全国百佳图书出版单位 国家一级出版社

U0162248

图书在版编目（CIP）数据

数学王国奇遇记．图形内的奇妙数学／纸上魔方编
著．—济南：山东人民出版社，2014.5（2022.1重印）
ISBN 978-7-209-06294-7

Ⅰ．①数… Ⅱ．①纸… Ⅲ．①数学－少儿读物 Ⅳ．
① O1-49

中国版本图书馆 CIP 数据核字 (2014) 第 028597 号

责任编辑：王　路

图形内的奇妙数学

纸上魔方　编著

山东出版传媒股份有限公司
山东人民出版社出版发行

社　址：济南市英雄山路 165 号　邮　编：250002
网　址：http:// www.sd-book.com.cn
推广部：（0531）82098025　82098029

新华书店经销
天津长荣云印刷科技有限公司印装

规　格　16 开（170mm×240mm）
印　张　8
字　数　120 千字
版　次　2014 年 5 月第 1 版
印　次　2022 年 1 月第 4 次
ISBN　978-7-209-06294-7
定　价　29.80 元

如有质量问题，请与出版社推广部联系调换。

目 录

第一章

形状各异的图形

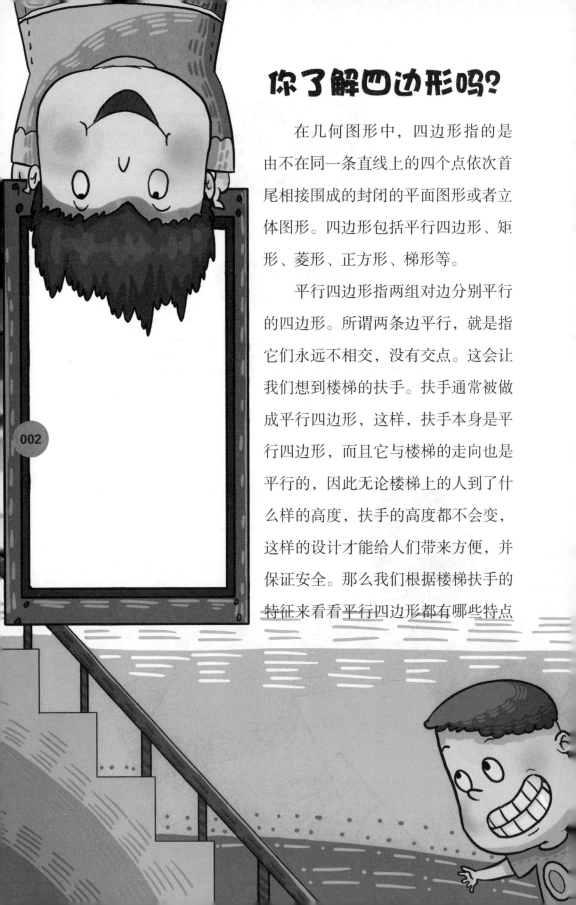

你了解四边形吗?

在几何图形中,四边形指的是由不在同一条直线上的四个点依次首尾相接围成的封闭的平面图形或者立体图形。四边形包括平行四边形、矩形、菱形、正方形、梯形等。

平行四边形指两组对边分别平行的四边形。所谓两条边平行,就是指它们永远不相交,没有交点。这会让我们想到楼梯的扶手。扶手通常被做成平行四边形,这样,扶手本身是平行四边形,而且它与楼梯的走向也是平行的,因此无论楼梯上的人到了什么样的高度,扶手的高度都不会变,这样的设计才能给人们带来方便,并保证安全。那么我们根据楼梯扶手的特征来看看平行四边形都有哪些特点吧。首先它的两组对边分别相等，其次两组对角也分别相等。大多楼梯的扶手中间都有竖直的栏杆，无论楼梯的坡度是怎样的，这些栏杆之间也都平行，这是平行四边形的又一个特点——夹在两条平行线间的平行线段相等。另外，我们从侧面看桌椅等生活用品，它们也都呈平行四边形的形态。

矩形就是我们常说的长方形，是指有一个角是直角的平行四边形。它除了四个角都是直角以及对角线相等之外，其他的特点和平行四边形是一样的。矩形形状的物体在生活中最常见，比如电脑与电视的显示屏、装东西的盒子、课本、黑板等。

那什么是菱形呢？菱形指的是有一组邻边相等的平行四边形。它的四条边都相等。我们常常看到的伸缩门就是利用

003

菱形的特点来制作的。因为菱形同样具有平行四边形容易变形的特点，所以伸缩门做成菱形的使用起来更方便，而且外表更加美观。

下面说一说正方形。正方形是有一组邻边相等并且有一角是直角的平行四边形，它的四个角都是直角，四条边都相等，其他特点与平行四边形也是一样的。除了长方形，正方形也是生活中常见的图形。妈妈漂亮的纱巾、小朋友们最喜欢玩的魔方、折纸用的小纸片，还有正方形的烟灰缸、桌子、小盒子、小闹钟等，在这些物品上我们都会很容易地找到正方形的特点。

下面我们来介绍一种特殊的四边形——梯形。梯形指的是一组对边平行而另一组对边不平行的四边形。等腰梯形是特殊的梯形，它的两腰是相等的。还有直角梯形的一个角是直角。我们爬高用的梯子就是梯形的，还有窗台上花盆的纵截面、梯形垃圾桶、梯形的小凳子等都是梯形。通过这些物品，我们能更具体地了解梯形的特点。小朋友们要细心观察哦，看你能不能发现生活中存在的等腰梯形和直角梯形。

罗形的出现

一提到罗形，小朋友们会想到什么呢？圆圆的或是很复杂的形状？其实，罗形指的是由圆形、菱形、矩形、正方形混合在一起而组成的图形，它是由古代一个姓罗的人发明的。那时候没有砖瓦，也没有钢筋和水泥，圈养的牲畜很容易跑掉，于是，这个姓罗的人就研究了一种图形。这种图形把圆形、菱形、矩形、正方形错综复杂地组合在一起，用木头等材料做成大网，来迷惑牲畜，这样牲畜就不会轻而易举地逃走了。人们为了纪念这个姓罗的人，就把这种图形取名为罗形。

罗形的结构听起来非常奇怪，这几种图形的组合是什么样

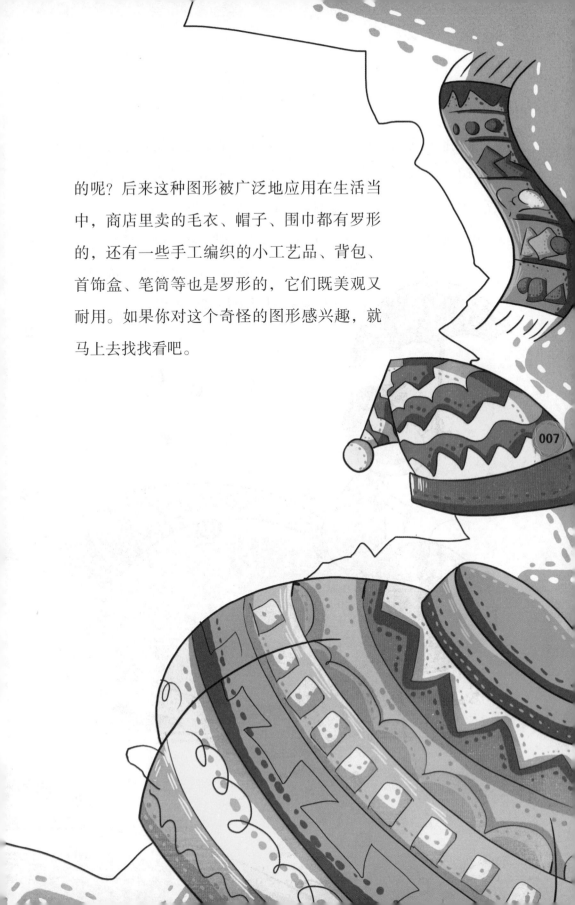

的呢？后来这种图形被广泛地应用在生活当中，商店里卖的毛衣、帽子、围巾都有罗形的，还有一些手工编织的小工艺品、背包、首饰盒、笔筒等也是罗形的，它们既美观又耐用。如果你对这个奇怪的图形感兴趣，就马上去找找看吧。

点与直线

在我们的印象中，"点"是非常渺小的，比如落在手心的小雨点、七星瓢虫背上的小斑点、玩偶中的小不点等等，但是在几何图形中，小小的"点"却起着不可缺少的作用。

生活中的直线、曲线，正方形、长方形，甚至圆柱体等，谁也离不开点，它们都是由无数个点组成的，点是所有图形中最基本的组成部分。点没有长度，没有宽度，也不知道它的厚度，但是它有位置，它可以在两条线交叉的地方，也可以在一个线段的两端。

直线是由无数个点组成的，它没有端点，是向两端无限延伸所形成的轨迹。在日常生活中，一根长棍子、一根拉直的绳子、一条一条的人行横道，都给人以直线的感觉。直线没有端点，可以向两端无限延长，长度就无法度量。点是直线不可缺少的部分。除了直线离不开点，其他图形也都离不开点。就像小水滴只有在大海中才不会干涸，无数的小水滴才能汇成大海一样，它们谁也离不开谁。

稳定的三角形

在所有的图形中，三角形是最稳定的图形。首先，我们来了解什么是三角形。在几何知识中，三角形指的是由三条线段首尾顺次相接而得到的封闭图形。其中每两条边相交在一个点上，相交的点叫作三角形的顶点，同时在顶点处由两条边构成角。

三角形有三条边、三个顶点，还有三

个内角（三角形还有外角，我们在这里一般指内角）。三角形具有稳固、坚定、耐压的特点。

　　小朋友们要想了解三角形的特点，就自己动手验证一下吧。这里教给大家一个非常简单的验证方法。

　　选择三根长度适中的小木条，先将其中两根木条用钉子固定上，它们就有了一个交点，另外的两个端点再用第三根木条连接，这样就构成了一个三角形的小木架，然后试着用手去扭动这个小木架，你会发现三角形木架的形状一点都没有变化哦。但是当我们用更多的小木条制作成多边形的时候，效果可就不一样了。举个例子，用四根小

木条，把它们顺次用钉子钉住，做成一个四边形的木架，再扭扭看，你会发现它会变形，尤其它的内角的大小会发生变化。通过实践研究可以得出结论：四边形是不稳定的，其他的多边形也具有不稳定性。

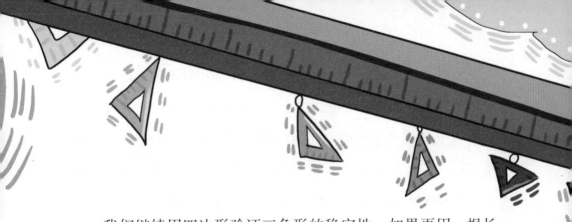

我们继续用四边形验证三角形的稳定性。如果再用一根长一点的木条将四边形木架的其中一组对角固定，那么它就不会变形了，这是为什么呢？原来，这样固定后，原来的四边形就变成两个稳定的三角形了，所以四边形不会变形。举个例子：如果家里的椅子摇摇晃晃不牢靠，只要在椅子相邻的两条腿上斜钉一根木条，椅子就变得稳固了。所以，三角形是最具稳定性的图形。

三角形有很多种分类，按角度分，可以分为锐角三角形、直角三角形和钝角三角形。三角形三个内角的和是180°，锐角三角形的三个角都小于90°，直角三角形有一个角是90°，钝角三角形有一个角大于90°。按边分，可以分为不等边三角形、等腰三角形和等边三角形。等腰三角形中，有两条边是相等的。等边三角形的三条边都相等。

三角形不但具有稳定性，而且外形也很美观。生活中，随处都能看见三角形，它可能是衣服上漂亮的图案，也可能是一个小小的机器零件。现在就让我们四处找一找，你能找到多少三角形的东西呢？

随处可见的
三角形

　　细心的小朋友一定在自己身边找到了许多三角形吧！看看你的小自行车，它的主架以及车座是不是三角形的呢？这样设计就是为了使自行车能够结实耐用，符合人们骑坐的习惯。你见过三轮车吗？为什么小孩子骑上去也不会摔倒呢？就是因为它的三个轮子在地面上形成稳固的三角形结构。再看看小房子的屋顶吧，

上面的支架也是三角形的，这样不但使房屋更加稳固，而且还有利于雨水滑落到地面，不会使房顶积水哦。对了，有些人家的屋顶还装有太阳能设备，你有没有发现，太阳能的支架也是三角形的，这也是为了让太阳能设备稳当地放在房顶。

说到这儿，我们不得不提照相机的支架。不论照相机还是摄影机，它们的支架都有三条长长的腿，而不是四条。因为三条腿的支架在地面上构成三角形结构，它会稳稳地托住上面的照相机或者摄影机，这样就算拍摄者的手有些轻微的颤抖，拍出来的照片或者录像也不会模糊不清。

埃及的金字塔，是古埃及建筑史上最早的石结构建筑，它的最大特点就是永久、稳定，给人们平稳踏实、坚不可摧和高不可攀的感觉。

当爸爸要爬着梯子到高处够东西的时候，一定要将梯子倾斜靠在墙上，因为只有梯子斜靠在墙上，才能与墙和地面形成稳固

的三角形，梯子才能立稳，
爸爸才不会从上面摔下来。

下雨天，大街上晃动着
的一把把雨伞，不但伞身是
三角形的，里面的支架也
是三角形的，因为雨伞
不但要承受雨点的打

击，还要具有抗风的功能，而三角形正好是最稳固的抗风结构。

三角形除了有稳固的特点，它奇特的外形，也非常受人们的喜爱。小朋友们找一找，妈妈漂亮的首饰中有没有三角形的呢？比如项链吊坠、耳坠，等等。

我们的文具盒里一定有两块三角板，我们在作图的时候都能用到它们。

生活中的三角形真多，说也说不完，我们只要记住它的好处就行了。

三角形定理

　　现在，我们对三角形的了解是不是越来越多了呢？关于三角形，还有好多知识需要我们来学习，特别是三角形的很多定理在生活当中都是经常用得到的。在这里，我们来学习一下关于三角形的两个定理：第一，三角形任意两条边的和大于第三

边；第二，三角形任意两边的差小于第三边。有的小朋友就会问了：什么是定理呀？定理就是已经被人们证明了的正确的道理。

我们先证明三角形两边之和大于第三边的定理。大家知道，三角形的三条边是首尾顺次连接的，有三个交点。那我们仍然找三根木条来组成一个三角形，首先确定木条长度是适宜的。然后任意拿出其中的两根木条，把它们连接起来，再跟第三根木条比一比，看是不是比第三根长呢？这是为什么呢？我们举个反例吧，你可以另外拿两根特别短的木条，把它们接起来，再找来一根比它俩接起来后还长的木条，用这样的三根木条肯定拼不成一个三角形，因为这两条短边和那一条长边，没办法在端点处相交，这样就无法组成三角形了。

要证明三角形两边之差小于第三边，我们同样要选三根能拼成三角形的木条，从中任意拿出两根来比一比，把长出来的部分做上标记或者截掉，拿截掉的木条再跟第三根木条比一比，看是不是比第三根短呢？同样，我们做一个相反的实验。假如两条边的差比第三边长，那么这样的三条边也无法拼成三角形。

这可是不变的真理哦，不信小朋友们就试一试。当我们碰到解答三角形边长问题的时候，只要你明白了这两条定理，就非常容易做出判断了。

平面图形、立体图形的差异

小朋友，你所见到的图形，有的是在纸上或者广告板上的，有的是立在地面上的，它们一样吗？它们有些是平面图形，有些是立体图形，那么，平面图形和立体图形一样吗？或者，你知道它们的

区别吗?

平面图形指的是图形上的所有部分都在一个平面上,比如直线、线段、三角形、四边形、圆等。而立体图形指的是由一个或者多个面围成的图形,比如四四方方的盒子、厚厚的字典等。我们已经知道了点是几何图形中最基本的组成部分,点的运动轨迹组成了线,线的运动轨迹组成了面,而面的运动轨迹又组成了体。虽然都叫作图形,但是立体图形是由平面图形构成的,它们并不是一回事。

下面我们举几个例子来辨别一下立体图形和平面图形有什么不同。

就拿长方体来说吧，长方体有八个顶点，六个面，每个面都是由长方形组成的。它有十二条棱，相平行的四条棱的长度是相等的。长方体的物品有很多：长方体的积木、长方体的纸箱、长方体的文具盒，等等。

正方体是特殊的长方体，它的每条棱长都是相等的，它的六个面都是正方形。找一个魔方看

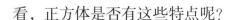

看，正方体是否有这些特点呢？

圆柱体的上下有两个一样大且相互平行的圆形的面。圆柱的曲面也叫作侧面，展开之后就变成了一个长方形或者正方形，也可以变成平行四边形。你一定见到过圆柱体的薯片盒吧？还有喝水用的圆柱体杯子、大桥底下的圆柱体石柱，它们都能体现圆柱体的特点。

圆锥体有一个顶点，一个曲面，一个圆形的底面。把它的曲面展开会变成一个扇形。沙漏是圆锥体的，喝红酒的高脚杯也有圆锥体，草帽、小喇叭的设计都是圆锥体。

举了这么多例子，相信你已经能够区分平面图形和立体图形了，下面再列举几个生活中的例子：

鸡蛋是一个椭圆形的物体，我们叫它立体图形。可是当我们从一个角度去看它的时候，只看到一个椭圆形，一个平面图形。再比如一本字典摆在书架上，它是一个长方体，可当我们只看它的封面，会发现那是一个平面。

平面图形是立体图形的一个面。区分平面图形和立体图形，只要看它有几个面，如果只有一个平面就是平面图形，如果有多个面又能够立起来就是立体图形。

第二章

美丽的图形

谁的面积最大

我们知道在面积相等的情况下，三角形、正方形、圆形三者相比，圆的周长是最小的。反过来讲，如果是周长相等的三角形、正方形、圆形，那么哪个的面积最大呢？答案是圆形的面积最大。下面就让我们揭开这个谜。

生活中有很多圆形的建筑或者物品，大草原上的羊圈、牛圈通常都会建成圆形的，牧民们的蒙古包也是圆形的，我们家中的水壶、油瓶、桌面、大烟囱，一般也会设计成圆形。那是因为用同样

多的材料，把物体做成圆形能得到最大的面积。有的小朋友会问了：怎样证明圆的面积是最大的呢？首先，我们在一张大纸上面画上许多大小一样的小方格，再拿一根细细的线绳，把线绳的两头接起来，让它变成一个封闭的图形，也就是一个线圈，保持线绳的长度不变，无论把线圈变化成什么形状，周长都是不变的，然后把线圈分别做成三角形、正方形、圆形，把不同形状的线绳分别放在小方格上，看看它们分别能圈下多少块小方格，那些不满一个小方格的部分可以拼起来计算。每个图形所圈住的小方格的数量就代表了这个图形的面积。结果显而易见，圆形圈住的小方格是最多的。由此证明，在周长都相等的情况下，圆形的面积是最大的。

尺规作图法

　　生活中各种各样的图形是怎样画出来的呢？画图需要哪些工具呢？小朋友，你的文具盒里有哪些画图的工具呢？

　　很久很久以前，人们用锋利的石头在动物的骨头或者龟壳上刻画各种图案，那时候人们所画的图形是非常

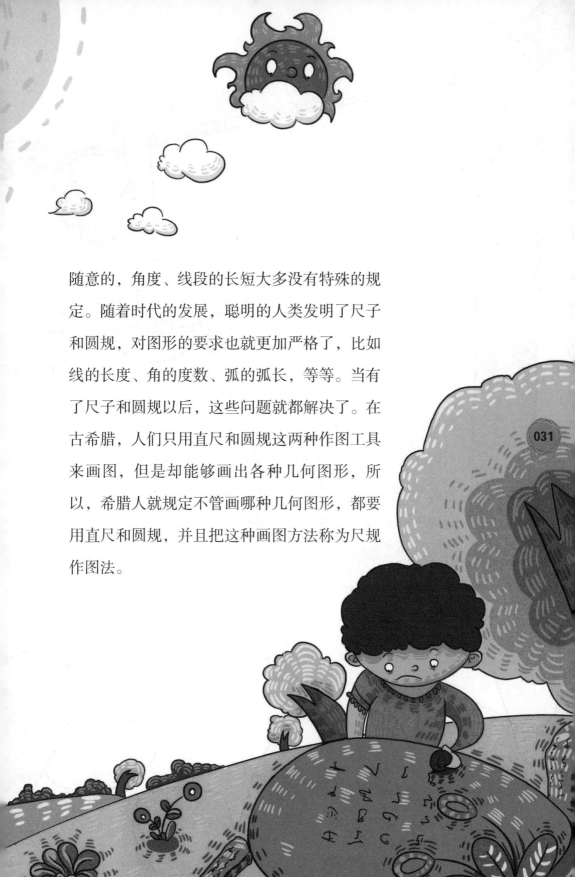

随意的，角度、线段的长短大多没有特殊的规定。随着时代的发展，聪明的人类发明了尺子和圆规，对图形的要求也就更加严格了，比如线的长度、角的度数、弧的弧长，等等。当有了尺子和圆规以后，这些问题就都解决了。在古希腊，人们只用直尺和圆规这两种作图工具来画图，但是却能够画出各种几何图形，所以，希腊人就规定不管画哪种几何图形，都要用直尺和圆规，并且把这种画图方法称为尺规作图法。

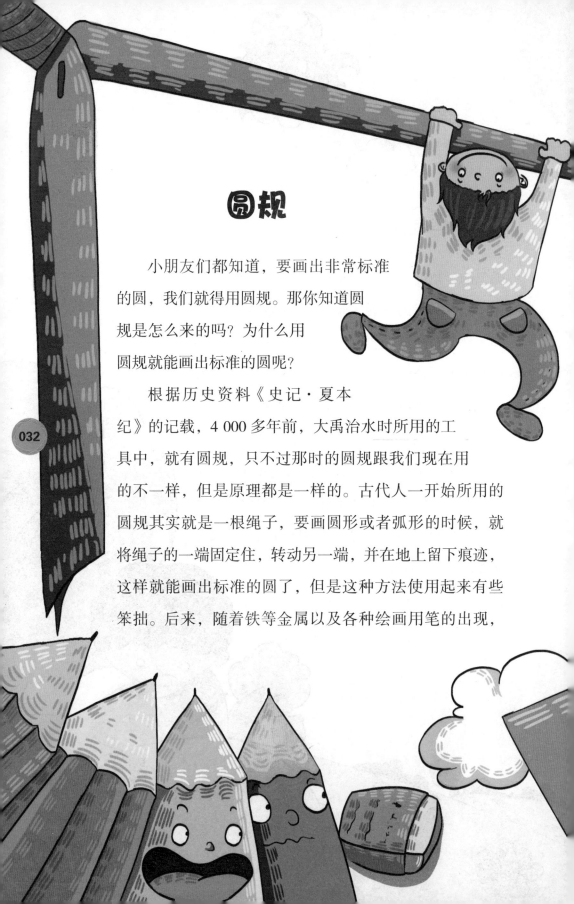

圆规

小朋友们都知道，要画出非常标准的圆，我们就得用圆规。那你知道圆规是怎么来的吗？为什么用圆规就能画出标准的圆呢？

根据历史资料《史记·夏本纪》的记载，4 000 多年前，大禹治水时所用的工具中，就有圆规，只不过那时的圆规跟我们现在用的不一样，但是原理都是一样的。古代人一开始所用的圆规其实就是一根绳子，要画圆形或者弧形的时候，就将绳子的一端固定住，转动另一端，并在地上留下痕迹，这样就能画出标准的圆了，但是这种方法使用起来有些笨拙。后来，随着铁等金属以及各种绘画用笔的出现，圆规就慢慢发展成了现在的样子。现在的圆规一般都是金属材料制成的，上面有一个接头，往下分开有两只脚，一只脚的末端是针尖，它可以帮助圆规固定在图纸或者黑板上，另一只脚的末端可以装入绘画用的各种笔，我们做数学题时用的是小圆规，装笔的地方用铅笔就可以了，如果老师在讲课时需要在黑板上画圆，就会装上粉笔。在黑板上竖起来的圆规就像一个瘦瘦的穿着锥形裤的人站在那里一样，挺有意思吧！圆规一般分为普通圆规、弹簧圆规、点圆规和梁规。

有的圆规装笔的一端可以调节长短，笔伸得越长，画出的圆

就越大。这是为什么呢？我们讲过，不论是一根绳子做的圆规，还是现在这种更加美观好用的圆规，它们的原理都是一样的。我们要画的圆或者弧，都是有半径的，想要画出的图标准，半径不能变，绳子的长度或圆规装笔的那只脚到圆心的距离就是圆或弧的半径的长度，在转动的时候，它们的长度不会改变，所以才能画出标准的圆或者弧来。半径越长，圆越大。这下你明白了吧？

了解圆周率

在生活中我们可以看到许多大大小小不同的圆形物体，比如瓶盖、车轮、方向盘等，可是它们到底有多大，应该怎样计算它们的大小呢？计算圆的大小必须要用到圆周率。

圆周率一般用希腊字母 π 来表示，在数学和物理的计算中，要经常用到这个数值。我们在计算有关圆的数据的时候，经常把 π 的值取作 3.14，当工程师或者物理学家要进行精确计算的时候，会将 π 的值取到小数点后的 20 位，也就是 3.141 592 653 589 793 238 46，π 是一个无限不循环的小数，小数点的后面有无数位小数。那么，这样一个无限不循环的小数是怎样得来的呢？为了计算出较准确的圆周率，古今中外有不少数学家呕心沥血地研究圆周率。计算 π 值著名的数学家有古希腊的阿基米德、托勒密，中国的

刘徽、张衡、祖冲之等。数学家们用各自的方法，仔细耐心地去计算圆周率的值。古代人计算圆周率，一般是用割圆的方法。

阿基米德用正96边形得到圆周率小数点后2位的精度，刘徽用正3 072边形得到圆周率小数点后4位的精度，鲁道夫用正262边形得到了圆周率小数点后35位精度。但是这种方法的计算量特别大，速度也很慢。随着数学的发展，数学家们在进行数学研究时，发现了许多计算圆周率的公式。比如马青公式，这个公式由英国天文学教授约翰·马青于1706年发现，他利用这个公式计算出了小数点后100位数的圆周率。1989年，大卫·丘德诺夫斯基和格雷高里·丘德诺夫斯基兄弟将拉马努金公式改进，改进后的公式被称为丘德诺夫斯基公式。1994年丘德诺夫斯基兄弟

利用这个公式计算出了圆周率小数点后 4 044 000 000 位。

后来，经过人们不断改进，计算圆周率的公式和方法越来越完善。2010 年，法国软件工程师法布里斯·贝拉宣称，他已经将圆周率计算到了小数点后的 27 000 亿位，从而成功打破了由日本科学家在 2009 年利用超级计算机算出来的小数点后 25 779 亿位的吉尼斯世界纪录。

中国记录圆周率最早的著作是西汉时期的《周髀算经》，书中有"径一周三"的记载，把 π 的值取为 3。汉朝时，大数学家

张衡得出 π 的值约为 3.162。虽然这个值不太准确，但是简单易懂。魏晋的时候，数学家刘徽用增加正多边形的边数的方法，求出 π 的近似值 3.141 6，正多边形的边数越多，图形就越接近圆形。这个成就被收录在《九章算术注》中。公元 5 世纪，祖冲之和他的儿子用正 24 576 边形，求出圆周率的不足近似值为 3.141 592 6，过剩近似值为 3.141 592 7，误差小于八亿分之一。据说这个纪录在一千年后才被打破。

计算圆周率让人们费尽了心血，现在，越来越多的人热衷于背圆周率，他们勇敢地挑战个人背诵圆周率的纪录。

鸡蛋的形状

　　小朋友们都听说过达·芬奇画鸡蛋的故事吧？达·芬奇不仅是一位学识渊博、功成名就的画家，还是伟大的雕塑家、音乐家，同时，达·芬奇在发明界、医学界和地理学的研究领域都取得了很大的成功，甚至还懂得军事和建筑，他真是一位了不起的天才！据说达·芬奇从小就很喜欢画画，可是他的绘画老师总是让他画鸡蛋，达·芬奇觉得很枯燥，就不想画了，老师告诉他，画鸡蛋是为了锻炼一个画家的基本功，所有的鸡蛋中没有两个是

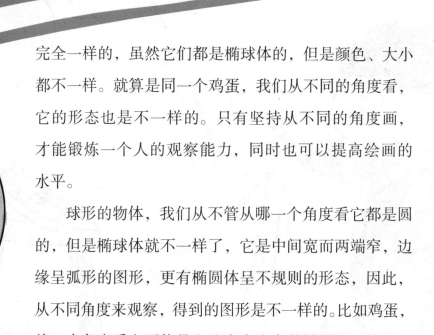

完全一样的，虽然它们都是椭球体的，但是颜色、大小都不一样。就算是同一个鸡蛋，我们从不同的角度看，它的形态也是不一样的。只有坚持从不同的角度画，才能锻炼一个人的观察能力，同时也可以提高绘画的水平。

　　球形的物体，我们从不管从哪一个角度看它都是圆的，但是椭球体就不一样了，它是中间宽而两端窄，边缘呈弧形的图形，更有椭圆体呈不规则的形态，因此，从不同角度来观察，得到的图形是不一样的。比如鸡蛋，从一个角度看它可能是左边窄右边宽的椭圆形，从另一

个角度看可能是左边宽右边窄的椭圆形，再换一个角度，还有可能是圆形的。

　　生活中，类似于鸡蛋形状的东西还有很多，比如在河边见到的椭圆形鹅卵石、一颗椭球的纽扣、椭圆形镜子、椭圆形小背包、椭圆形的小印章、手表、桌子、首饰等。我们可以从不同的角度去观察它们，就会发现所看到的图形是不一样的。看来达·芬奇画鸡蛋的故事不但让我们知道了鸡蛋的形状，还告诉我们要从多个角度去观察物体，那样才能了解得更多，认识得更深刻。

动物身上也有图形？

　　世界上的动物种类繁多，而且各有各的特点，就它们的外形而言也是千奇百怪的。在这里，我们来研究一下动物身上的有趣图形吧。

　　小瓢虫整体看起来圆圆的，身上还长着圆形的小黑点，特别可爱。

　　蜗牛是一种软体动物，它们身体外带有一个壳，你有没有认真观察过，蜗牛的壳是什么形状的呢？对了，是螺旋状的，那一

圈一圈的硬壳仿佛是蜗牛在漫长的岁月中积累起来的宝塔，那是它随时安歇的房子。海里的小贝壳也是一样的，它们的外壳大多带有螺旋纹图案，像是大海妈妈送给它们的礼物。

乌龟的壳看上去像一个椭圆形的磁盘子，这可不是简单的盘子，上面有很规则的图形呢。你瞧瞧，龟壳上正中间的位置，整齐地排列着多个规则的六边形，其中中间有五个大的，两边各有四个稍小一些的，周围还有紧挨着的四个更小的，就像是精心画上去的一样。

蝴蝶最引人注目的就是它那对美丽的翅膀了，上面有着五彩缤纷的图案，漂亮极了。它的翅膀还是扇形的，一对翅膀加上它细长的身体，组成了一个轴对称图形。蜻蜓、蜜蜂、鸟类等带有翅膀的动物，它们的身体也大多是轴对称图形。

看看家里养的金鱼吧。它们的头部就是一个典型的三角形，鱼鳍也是三角形的，它们身上披满了半圆形的鳞片，尾巴有三角形的也有梯形的，游动起来，生动极了。

小兔子除了它长长的耳朵很可爱外，还有就是那个小小的三瓣嘴儿了，想想这个三角形的小嘴啃起胡萝卜来的样子，那才有趣呢。

梅花鹿的身上有好看的梅花形的斑点，而且豹子、花狗等动物身上也会出现好看的斑点。

小动物们也是画家，除了它们身体上自带的图案外，它们也常在地上画画。尤其在冬天的雪地里，总会出现各种有趣的图案。细细的竹叶，那是小鸡的杰作。把

火红的枫叶变成了白色，那是小鸭子在跟我们开玩笑。小狗最喜欢在白茫茫的雪地上画梅花了，它像是专门研究美术的画家，把梅花瓣画得跟真的一样。马能踩出成对的月牙儿形图案来，而老牛画的则是半圆形图案。兔子的脚印也很有趣，它的两只前脚和两只后脚画的图形不一样，后脚踩出的印迹与人的脚印差不多，是四根圆圆的脚趾，但前脚的印迹很短，只有后脚的一半那么大。长臂猿更有趣，它的脚印看起来跟人的手掌印一模一样。

奇妙的几何图形真是无处不在。

螺旋纹

　　我们每次去海边游玩的时候，一定会捡五彩斑斓、形色各异的贝壳，或者会在当地买回用各种贝壳制作的手工艺品作为纪念。你有没有发现，有一些圆圆的小贝壳上面有一圈一圈像刀割的纹络，而且越到顶端圈越小，那就是螺旋纹。在中国，螺旋纹经常出现在陶瓷器的设计上，工匠在制作陶器的时候为了美观，

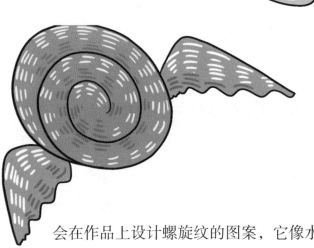

会在作品上设计螺旋纹的图案，它像水流中的漩涡一样，深奥而美丽。

　　生活中我们最常见的有螺旋纹的物品就是螺钉和螺栓，这两种物品是在建筑或者组装材料中起固定作用的，那么为什么它们是螺旋纹的呢？从几何图形的角度来看，螺旋纹是曲线沿着斜面变形而形成的，这种纹络的最大特点是摩擦力很大，因此能够固定光滑的东西，汽车轮胎的纹路也是根据螺旋纹摩擦力大的特点设计的，可以保证汽车即使行驶在光滑路面时也容易控制，以此来保证安全。

　　除此之外，螺旋纹还有其他方面的应用。服装设计师喜欢把它当作图案印在衣服上。在商场柜台上，我们也可

以看见领带、围巾等商品，它们被手巧的服务员们围成螺旋的形状，看起来不仅漂亮，而且更加有深意。手镯、耳坠、项链等饰品也有螺旋纹的设计，螺旋纹在阳光的照射下会折射出很亮的光线，使饰品看上去光彩夺目。有一些手机链、扎头发用的发圈也有螺旋形的，这种形状能够伸缩自如，用着特别方便。还有一个有趣的发现，就是我们的手指肚儿，如果你细心观察会发现，我们的手指肚儿上也有螺旋纹呢。

十字架
是轴对称图形

一提起十字架，我们就会想到基督教，因为十字架是基督教的标志，教徒们或者在脖子上戴一个十字架的项链，或者衣服上有十字架的标记。当然，现在好多普通人也喜欢戴有十字架图案的项链、耳坠，穿印有十字架图案的服装，但大多是为了美观。十字架不单单是基督教的标志，也不仅仅是美观的装饰图案。你了解它的来历吗？看着十字架，你能看出它是什么图形构成的吗？

十字架是最古老的标志之一，它具有许多神秘的意义。首先，它代表了太阳与生命，凯

尔特十字架的形状是一个十字形的架子，中央交叉的地方连着一个圆环，十字架代表生命，圆环代表太阳，这两者结合被赋予太阳生命的含义。从几何图形的角度看，它就是由两个长方形和一个圆组成的轴对称图形，十字架的竖条所在的直线就是对称轴。

在波斯帝国、以色列王国和古罗马等地，十字架还是一种执行死刑用的刑具。行刑之前，犯人背着十字架先游街，一直走到

刑场。在行刑的时候，刽子手将犯人的双手平伸开，用长钉把他的手臂钉在横条木头上，再把双脚钉在竖直的木头上面，这样，犯人就会慢慢窒息而死。在西方文学著作中，人们常常用十字架来比喻苦难。十字架大多是由两条原木架成十字的形状，从几何图形的角度来讲，就是两个圆柱组成的轴对称图形，竖条的原木所在的直线就是对称轴。另外，埃及科普特十字架、搭摩斯的十字架、希腊十字架等等，它们几乎都是轴对称图形。

剪纸艺术

　　每逢新年，市场上最不缺的商品就是剪纸，如窗花、门笺、墙花、顶棚花、灯花，等等。剪纸的颜色也很多，但主色还是红色。在中国，红色的剪纸代表喜庆，把它们贴在窗户、门、灯笼上，能够增添节日气氛。

　　在中国，剪纸是人们用刀子刻或用剪刀剪出来的图形，是一种民间艺术。一般剪纸的材料有纸张、布、树皮、树叶、皮、革、金银箔等，其共同特点是它们都是片状的平面，这样方便剪刻。剪纸的图案多种多样，有艳丽的花卉、秀美的女子、可爱的娃娃、活泼生动的动物等等，这些图案都代表了吉祥富贵的含义。另外还有卡通人物、名著中的人物等，就像绘画一样，供人们欣赏。

　　怎样才能剪出漂亮的图案呢？对于专业人士和有经验的人来说，简单的图案，只需要动动脑思考一下，大概了解了这个图案的轮廓就可以动刀剪了。比较复杂的图案，需要仔细观察、研究，用细细的笔将图案先画在平面材料上，并标记好哪里是图画中保留的部分，哪里是需要剪掉的部分，才能开始剪刻，而且剪刻的过程需要相当的耐心和细心，否则一刀刻坏了，整张图就都作

废了。不太熟练的新手，任何图案都得在经过认真观察和研究后，画在纸上才能剪刻的。

从几何图形的角度来讲，剪纸图案分为轴对称图形和不规则图形。

轴对称图形的剪纸更好剪一些，把纸张等材料折叠起来，沿着对称轴，画出整个图形的一部分，剪完展开后就成了一个完整的图形。比如剪蝴蝶，我们知道蝴蝶是轴对称图形，只要选好自己喜欢的材料，折叠起来，在正确的位置画出蝴蝶的半个身子和一只漂亮的翅膀，然后沿着所做的标记剪，剪完后，将材料展开，就能看到整只漂亮的蝴蝶了，这样能节省一半的时间，图案两边既对称又很美观。类似的还有各种规则的图形，如窗花、"喜"字、小鱼等。

　　不规则的剪纸图形一般要刀子帮忙才能刻好，做起来要比对称图形多费些时间。比如剪人物，人的眼睛、鼻子、耳朵、头发等复杂细密的部位要剪刻得非常仔细。还有一些小动物的眼睛、毛发等也是要慢工出细活的。

　　在剪纸刚开始盛行的时候，只有平面图形，后来有人有了新的创意，他们把几个剪纸用胶重叠粘在一起，变成了立体图形，突显出了层次，看起来更加生动，使图上的人物、动物更加惟妙惟肖。人们的创意真是源源不断啊！

太极八卦图

一提到太极，我们就会想起早晨的公园里，总会有许多人在打太极拳，那是一种健身的拳法。在这里我们讲的太极，是涵盖太极意义的图，也叫太极八卦图，简称太极图。太极图是中国传统文化的瑰宝。

根据历史书籍的记载，太极图是由中国宋代的道士陈抟传给了他的学生种放，种放又传给穆修，又由穆修传给李之才，后来周敦颐为太极图做了详细的解释，现在我们所看到的太极图，就是周敦颐所传下来的。我们经常能在电视上看到道士穿的袍子上印

有太极图案，道场的地上也画着太极图，那是因为太极图主要是应用在道教当中的。

　　从太极图中我们最熟悉的阴阳鱼开始分析，它就像我们平时吃火锅的鸳鸯锅一样，由一条曲线把一个圆分成相同的黑白两份。其实，仔细观察它，大圆中有两个小圆，小圆的直径正好是大圆的半径，剩下的部分平均分给两个小圆，这样，在大圆中就好像出现了黑白两条小蝌蚪。大圆又被平均分成八份，并延长了分割线，组成了一个正八边形，正八边形的外侧有一个更大的圆，再外侧又有更大的

正八边形。听起来是很复杂的，为了理解它们，就去看看中国古代人是怎么解释的吧。

中国古代人认为，白和黑两种颜色代表天和地，也就是代表了阴和阳，八卦图中间的曲线表示划分天地阴阳的界限。白色部分中的黑点代表阳中有阴，黑色部分的白点表示阴中有阳。这个深奥的太极图是研究周易学原理的重要图案。

再来看看正八边形是怎么回事。在圆和正八边形的中间有许多符号和文字，这些八卦符号代表的是各种卦象，有着十分深奥的含义。

蝴蝶结的图形

　　蝴蝶结一定是小朋友非常喜欢的图案，尤其是女孩子，在她们的裙子上扎上一个蝴蝶结会显得她们更加可爱。我们送礼物给别人时，也喜欢用彩带在礼盒外系上一个鲜艳的蝴蝶结，这样能够使礼盒分外美观。那么，你知道蝴蝶结图形的秘密吗？

　　蝴蝶结是模仿鲜花丛中飞舞的蝴蝶设计的，蝴蝶两边翅膀的大小、图案、颜色都是一模一样的，当两边的翅膀在背后叠到一块儿的时候，就会变成一个大小、位置、花色图案都一样的图形，就是对称图形。蝴蝶的身子就是对称轴，这个轴两边的图形是相对应的。这就是几何图形中的轴对称图形。轴对称图形最明显的特征就是图形对称。

　　蝴蝶结非常符合轴对称图形的特征。首先，蝴蝶结是对称的图形，无论两边的图案是三角形、圆形或者是花瓣形的，它们的

059

形状、大小、颜色、图案都是一样的，中间绑着的小结就是它们的对称轴。

蝴蝶结在生活中的应用非常广泛。小女孩辫子上的发饰有蝴蝶结，蛋糕盒外也系有蝴蝶结形状的小带子，婚礼车上的彩色蝴蝶结非常喜庆，人们经过精心改造，把普通的蝴蝶结变成用各种颜色和形状搭配的装饰品。

除了蝴蝶结，生活中还有很多轴对称图形，它们不仅外形美观，还能给人亲切的感觉。比如：明晃晃的奖杯、火红的枫叶、晶莹的雪花、京剧脸谱、飞机、五角星、圆等，甚至水边的树木和它们映在水中的倒影也能形成轴对称图形。

小朋友，现在已经认识了轴对称图形，那么，用我们的眼睛找一找，你的身边还有哪些物品是轴对称图形吧。

第三章

神奇的图形现象

有趣的七巧板

七巧板是一种益智游戏玩具，由七个板块组成。这七个板块可以拼成许多图形，根据专业人士的统计，七巧板所拼成的图形有 1 600 多种，比如三角形、正方形等规则的多边形；也可以拼成各种人物、各种动物、房屋、桥梁、塔等不规则图形；还可以拼成一些中、英文字符或数字等。

　　七巧板是中国古代民间流传下来的智力玩具，也被称作"七巧图"或者"智慧板"。它最初是由古人用的宴几演变而来的。据说，宋代有一个叫黄伯思的人，不但对几何图形很有研究，而且热情好客，他发明了一种用六张小桌子组成的宴几，这些小桌子形状不同，吃饭时可以分开，每人用一张桌子，也可以把六张桌子合起来，大家围着一张大桌子吃饭。

　　后来有人将这种宴几改为由七张小桌

子组成，部分小桌子的形状也发生了变化，这种改变使宴几可以根据吃饭的人数拼成不同形状的大桌子，例如3个人用，就拼成三角形，4个人就做成四方形，6个人则拼成六边形……这样使用起来更加方便，而且能给宴会带来乐趣。

逐渐地，大家发现这种拼法特别好玩，就把它当成了一种智力游戏，但是把几张桌子搬来挪去不太方便，有人干脆就按照小桌子的形状制作了七块板子，把它们当成一种玩具，用来拼各种有趣的图案。因为用这七块板子拼图的过程巧妙有趣，于是人们就给它取名为"七巧板"。

据说国外许多人对七巧板有浓厚的兴趣。英国近代生物化学家李约瑟评价七巧板是"东方最古老的消遣品之一"，至今英国剑桥大学的图书馆里还珍藏着一本《七巧新谱》。美国的大作家埃德加·爱伦坡特竟然用象牙精心制作了一副七巧板，并将它珍藏起来。更不可思议的是，拿破仑在被流放的时候，也把七巧板作为消遣的玩具。还有些外国人竟通宵达旦地玩它，把它叫作"唐图"，意思是"来自中国的拼图"。

七巧板的七块板中，有五个等腰直角三角形（两块大号的，一块中号的和两块小号的）、一块正方形和一块平行四边形。这七块板可以拼成一个大的正方形。两个大三角形的面积之和正好是正方形面积的一半，小三角形的直角边是大三角形直角边的一半，中号三角形直角边是大正方形边长的一半，小正方形边长等于小三角形的直角边，平行四边形一组对边等于小三角形的斜边，另一组对边等于小三角形的直角边。

七巧板带给人们无限的乐趣，它可以拼接成各种有趣的图形让人们欣赏，还可以作为数学猜谜题，而且七巧板结构非常简单，操作起来也方便，比较容易看懂，所以成了很流行的益智玩具。自己想拼什么都可以尝试，如果想拼出别人指定的图案，可就有一定的难度了，所以玩七巧板是需要动脑筋的。

由七块几何图形组成的玩具——七巧板，它的好处可真不少呢。在儿童拼接图形、猜谜题的过程中，能够培养他们的观察力、想象力、形状分析能力和创造力。小朋友们可以在家长的

帮助下，一边做着七巧板的拼接游戏，一边轻松地认识各种几何图形以及数字，了解图形周长和面积的含义。

玩七巧板的游戏，还可以帮助小朋友识别颜色，练习图形的拆分和拼接，锻炼他们的动手能力。七巧板不但可以用七块板拼图，还可以用多组七巧板一起拼图，拼出更特别、更美丽的图案。

　　七巧板真是儿童必不可少的玩具呢！

制作七巧板

七巧板很好玩，而且其中还包含了许多的数学知识，我们为什么不亲自动手制作一副七巧板呢？那样，会帮助我们更深刻地了解几何图形的知识。

在制作七巧板之前，先要准备好材料。就以下面的材料做例子：一块纸板、一支铅笔、一把尺子、一把剪刀和几只彩笔。

首先，在纸板上画一个大大的正方形，可一定要画得标准啊，否则会影响后面几个步骤的效果。

再分别连接正方形的两组对角线，正方形就变成了四个一样的等腰直角三角形，左上方的两个等腰直角三角形不要动，把它们当成七巧板中的两个大号的三角形。

在右下方的两个等腰直角三角形中找到它们所有边的中点，做上标记。

开始连线，先连接下方大三角形的两个直角边的中点，再连接右下方两个等腰直角三角形斜边的中点，最后连接右侧直角三角形斜边的中点和上方直角边的中点。

你发现了什么？原来，最开始的大正方形已经被分成了七

块，它们分别是：两个大号的等腰直角三角形、一个中号的等腰直角三角形、两个小号的等腰直角三角形、一个小正方形和一个平行四边形。

为了明显区分这七个图形，把它们涂上不同的颜色吧。然后沿着画好的线剪开，你就有一副全新的七巧板了。你可以用它拼出各种几何图形，也可以拼成生活中常见的事物，一幢小房子、一艘船、一棵大树、一支蜡烛、一条小鱼、一只小猫，等等，这些图案一定非常精彩、生动。

神奇的五角星

一提到五角星，小朋友们一定会想起五星红旗。无论在图片上、电视里，还是在生活中，我们经常能看到五角星。除了国旗上的五颗小星星外，我们在衣服、帽子上也能看到五角星的图案。生日蛋糕、小饰品都能做成可爱的五角星的形状。有的小朋友会收到许愿瓶，里面装的五彩缤纷的许愿星也是五角星的形状。生活中有这么多五角星，可是，你知道它的含义和它在世界各地的用途吗？

原来，五角星具有"胜利"的含义。很多国家的军队都把五角星当作高级军官军衔的标志。另外，五角星常常被用在国旗的设计上，它象征着一个国家的昌盛繁荣。

传说很久以前，天文学家在观察天象的时候发现，围着太阳运动的金星轨道每隔八年重复一次，把它的五个交叉点连接起来正好形成一个非常完美的五角星。

在古希腊和古巴比伦，五角星的意义更是特殊，它竟然是魔术的代表符号。

中国古代，五角星用于"五行"。人们认为大自然是由"金、木、水、火、土"这五种要素所组成的，而五角星图形正好表示

五行相生相克的变化规律。

后来，五角星被用在国旗上，中国国旗上五颗黄色的五角星明亮而美丽，四颗小星围绕一颗大星，大五角星代表中国共产党，四颗小五角星代表全国人民，小五角星分别有一个尖正对着大五角星的中心点，这表示全国人民团结一心。

日本有一位叫安倍晴明的阴阳大师，他除魔避鬼的法器桔梗印就是根据中国五行五角星的图形设计的。

根据记载，人类文明中最早使用五角星图形的是公元前 3000 年的苏美尔文明，五角星代表着"崇

高""角度""数字"等；古埃及则
把五角星看成是代表"生命"的符
号。在希腊，五角星是大地女
神的象征；也代表着"生命"
和"健康"，是用来祈求幸
福的魔法符号。艺术界以嵌
入大圆和矩形里构成五角星
的维特鲁威人形图来代表人体的
完美。

在斯拉夫，女巫利用五角星图形进行"测五星"的巫术医疗，她让人按"大"字形的姿势站立，用一根麻绳把人身体上的部位，从脚到脖再到脚，最后系到双手，从而形成一个五角星形。

欧洲，神秘学的魔法阵中五角星是用来封魔的。法师们认为五角星的五个交汇点是可以封闭恶魔的"门"，可以将恶魔封在中间的五边形中。所以教会把五角星叫作"恶魔纹章"或是"魔法师之星"。

奥运会和五角星也有密切的联系。据说古希腊人原来是每隔8年组织一次古奥林匹克运动会的，因为那是金星运行的一个周期。现在每4年一届的现代奥林匹克运动会的举办周期是金星的半个周期。奥运会的标志"五环"，就是根据五角星的形状来设计的，体现了包容与和谐。

古代，五角星被一些追求巫术的人当成邪恶的象征，但现在，它慢慢成了力量的象征，逐渐成了重要的战争符号，出现在军人们的钢盔、制服和旗帜上。各国的军人们越来越喜欢使用这个图形，比如美军的白色五角星、中国的黄色五角星，等等。

生活中，五角星作为各种象征更是随处可见。

从"生命自然"到"邪恶神秘"再到"力量公正"，小小的五角星符号经历了无数次的变化，这也体现了人类的进步。

神秘的古代阵法与图形

古代战争题材的电视剧中，在千军万马的战场上，大将军们非常讲究排兵布阵，用各种各样的阵来对付敌人。首领向手下传达命令要通过画图，他们把设计好的阵法绘制成图，画在纸上、布锦上、地上，或者用石头堆砌出来，这些都叫阵图。

在中国的历史上，作战是非常讲究阵法的，也就是作战的队形，摆设队形的过程叫作布阵。如果布阵得当，就能使军队的战斗力得到充分发挥，达到克敌制胜的效果。多年以来，中国的军事家们也都在研究和创新阵法。战国时期，有一本兵书叫作《孙膑兵法》，里面把之前人们所设计的阵法进行了归纳总结，将春秋以前的阵法总结为方阵、圆阵、疏阵、数阵、锥形阵、雁形阵、钩形阵、玄襄阵等八种实用的基本战斗队形。

所谓方阵就是正方形的队伍，它是军队战斗中最基本的队形。由小方阵组成大方阵，也叫阵中之阵。孙膑认为方阵的中央可以放少量的兵力，用来虚张声势，四周的兵力要多，这样布阵能够更好地对敌人的进攻进行防御。

圆阵指的是排列成圆形的队伍，这种队伍适合环形的防御。兵力被布置在外围，而金鼓旗帜都摆在中央，这种阵法没有明显的弱点。

疏阵，顾名思义，就是战斗队形比较疏散，前面所讲的方阵和圆阵都能够疏散开变成疏阵。疏阵的队列之间要加大间距，且在其旁布置旗帜、兵器等，在夜里点起火把，用少数的兵力来显示队伍强大的实力。

数阵指密集的战斗队形，这种队形的好处是几种力量能够同时进行进攻和防御。

锥形阵是把先锋放在最前方，后面的队

形越来越宽，整体像一个锥形。锥形阵要求前锋必须英勇善战，进军速度快如闪电，两翼坚强有力。这样，英勇的前锋可以在狭窄的正面冲向敌人，让敌人措手不及，并迅速突破、瓦解敌人的阵型。随后的两翼能够扩大战斗场地，取得巨大的战果。

雁形阵就是形状像展翅飞翔的大雁的阵形。主要是横向展开，左右两个翅膀向前或者向后方排列成梯形。两翼向前的时候形成一个大夹角，像猿猴的两只臂膀向前方伸展一样，能够包抄冲过来的敌人，但是后方的防御能力就相对比较薄弱了。而向后排列的梯形形成的角度正好与前面的相反，这样就能够保护两翼和后方军队的安全，防止敌人迂回进攻。

钩形阵的正面是方阵，两方的羽翼形成了钩形，用来保护两翼的安全。

最后就是玄襄阵了。这是用来迷惑敌人的阵形，队列的间距非常大，适合兵力不多时用的，通常阵中会竖起面面大旗，不断地敲打军鼓，从而制造千军万马的气势欺骗敌人。

三国时期著名的军事家诸葛亮就善于排练八阵图。因为当时作战的地域主要是崎岖不平的山地，并且和强大的敌人曹魏的军队相比，蜀军兵力就相对较少，所以诸葛亮排练八阵图，用来抵抗曹魏大军。

诸葛亮的八阵图是根据孙膑的八阵创新而来的，他研究阵法，绘制八阵图，并以此来训练蜀军。这个八阵图主要是一个正方形加上两个圆弧。其中正方形的四个角分别是四个直角三角形，每两个相邻的三角形中间夹着一个等腰梯形，也就是一共有四个等腰梯形，阵中是一个大正方形里面套着一个小的正方形。在正方形一边的外围，是两个圆弧。诸葛亮把士兵们分布在各个图形当中。当与敌人发生正面冲突的时候，还能够根据具体情况使阵型进行变换，非常奇妙。

长着小角的雪花

冬天的时候，中国的北方会有漫天飞舞的雪花，它们就像来自大自然的精灵，洁白无瑕，晶莹亮丽，让世界变得一片银装素裹。你有没有仔细观察过落在手心的雪花，它们是什么形状的呢？

也许你会说，它是六角形的，对了，雪花的确是六角形的。但是你再仔细看看，就会发现它的每个角上还长着角呢。看来雪花可不是普通的六角形，它有一种奇妙的雪花曲线。瑞典的数学家柯赫，把自然

界中的雪花作为模型，经过长期的观察和研究，创造了雪花曲线。你想知道雪花曲线是怎么画出来的吗？其实并不难，首先在纸上画一个正三角形，其中要有一个角是朝上的，这样便于下面步骤的进行。记住正三角形三条边都要相等。然后再分别把正三角形每条边平均分成三份，将靠近顶点的那 6 个 1/3 点做好记号。最后把不同边上相邻的两个点用直线连接起来，并且将直线向两边延长，画完了三条直线，你会发现三个新的交点，擦去多余的部分，出现了一个与原来的三角形一样大的倒立的三角形，再把中间的小线段擦去，就变成一个正六角形了，这时，雪花的样子已经出来了，继续重复第二步的做法，在六角形的六个角上面，按照与原来角相反的方向再画三角形，之后将多余的部分擦掉，这样就更像雪花的形状了。

　　如果你觉得还不够好看，那就接着画，你会发现，这就是大角上面长小角的游戏，小角长得越多就越接近雪花的形状，就越

有晶莹剔透的感觉。

如果你一直画下去，角越来越多，多得就像无数个小锯齿，锯齿越来越多，越来越密集，那可太复杂了。角画到多少才是雪花真正的形状呢？谁也不知道，那是永远也画不完的，只要自己觉得满意了就可以停止了。注意了，如果你想画得更多，从一开始就要准备好大一点的纸，第一个正三角形就要画得更大。

在数学知识中，像这样把大图形分成小图形的方法叫作分形几何，雪花曲线也就是分形曲线。这种分形曲线的特点就是永远都画不完，根本测不出图形的周长，它是无限大的。

让人惊讶的
麦田怪圈

这个世界无奇不有，大自然更是鬼斧神工，它创造了无数令人称奇的杰作。比如：地壳运动形成了云南密集的石林，风力的作用造就了新疆的魔鬼城和大沙漠中的石蘑菇，河水分流能绘出美丽的三角洲。从 1970 年开始，人们渐渐地注意到，在麦田或者其他的农田上，常常出现一种奇怪的现象：有一部分农作物被压平，并且形成了各种各样的几何图形。这种现象大多数时候会发生在麦田中，所以人们把它叫作"麦田怪圈"。一个曾经看到了麦田怪圈的英国人，对这种怪现象非常感兴趣，他是这样描述的：在麦田圈的周围找

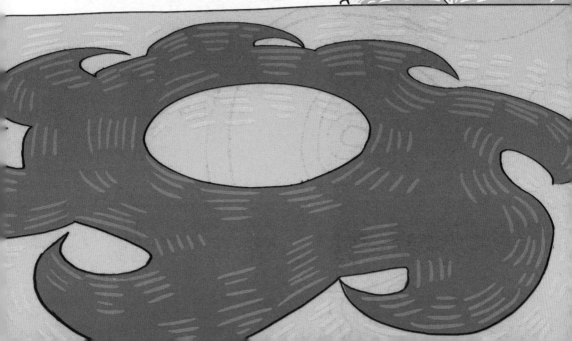

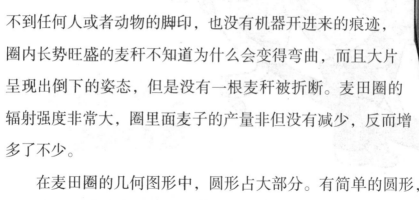

不到任何人或者动物的脚印，也没有机器开进来的痕迹，圈内长势旺盛的麦秆不知道为什么会变得弯曲，而且大片呈现出倒下的姿态，但是没有一根麦秆被折断。麦田圈的辐射强度非常大，圈里面麦子的产量非但没有减少，反而增多了不少。

在麦田圈的几何图形中，圆形占大部分。有简单的圆形，也有许多圆圈组成的连环形，还有新月的形状、车轮的形状和其他几何图形的组合。麦田怪圈最开始出现在英国、俄罗斯、澳大利亚等地，现在，这种奇怪的现象几乎遍及整个世界。

麦田圈有几个特别

明显的特征：首先，这些圆圈大多数是在夜里人们不知不觉的情况下形成的，而且形成的速度非常快，达到了让人吃惊的程度。从来没有人亲眼看见过麦田怪圈图案的产生过程，而且麦田附近从来没有发现过人、动物或者机械的踪迹，却又常常出现微弱的亮光和奇怪的声音，像变魔术一样，不远处生存的动物也会有异常的举动。更加奇怪的是，这些图形虽然奇怪，但都非常精确，像是经过精心设计后绘画而成的。

根据研究者们的记载，人们发现的跨度最大的麦田圈大约有 180 米，比一个足球场还要大许多。据说世界上形状最复杂的麦田圈中包含了 400 多个大小不同的圆，而且这些圆非常有规律地组合成复杂的图形，人们称它为"麦田圈之母"。另外，麦田圈中弯曲的麦秆虽然受到了很奇怪的电磁场的影响，但仍然能够正常生长，而且生长速度比直立的小麦要快。在麦田圈内，指南针、电话、相机、电池、汽车，还有发电站等设备都不能正常工作，显然是受到了磁场的影响。这可真让人惊讶！

于是多年以来，全世界的好多科学家们都在不厌其烦地研究这种奇怪现象的起因，可是每个领域里研究的结果都不一样。地理学家认为这是地层下面的某种磁场造成的，气象学家推测说，这也许是气旋或者闪电造成的，又有人说是强大的龙卷风的作用，甚至还有人推断那些怪圈是外星人的杰作。总之，众说纷纭，直到现在也没有定论。不过有一点还是比较令人信服的：人们在研究

麦田圈的时候，曾经拍摄过一些录像，有很多录像还抓拍到了麦田圈形成的过程，虽然看不清细节，但是许多画面里面都显示在麦田圈上方出现过神秘的小光球或者是微弱的白光。白天拍摄的录像里面也有这种现象。但是这些神秘的光球并不是凌乱的，而是有规律地移动，也许我们可以把这神秘的光球或白光与麦田怪圈联系在一起。

虽然到现在我们还不知道麦田怪圈形成的真正原因，但是相信随着科学技术的发展，人类一定会揭开这个谜。

揭开彩虹的神秘面纱

雨后的彩虹是大家都喜欢的美景，它绚丽多姿，又有一种神秘的气息。那么，彩虹是怎样形成的呢？它为什么不是直线的而是半圆形的呢？今天就让我们来揭开雨后彩虹神秘的面纱吧。

一场大雨过后，温暖的太阳就会出现在天空中，照射着整个大地。这时候，空气并没有完全干燥，而是存有水滴，当阳光从一定的角度照射在水滴上，就会发生折射和反射的现象，这些小水滴就像一面面三棱镜，把射来的阳光分解成七色光，这样，缤纷的彩虹就形成了。

当然，不是每一场雨过后都会出现彩虹，有的时候，即使刚刚下完一场大雨，空气还是非常干燥，即使有水滴也是非常微小的水滴，这种情况下就不能形成彩虹。有的时候彩虹的颜色比较明显，而有的时候非常模糊，给人一种朦朦胧胧的感觉，这是正常的现象，因为彩虹颜色的深浅和彩虹的宽窄有时候是不一样的。一般情况下，雨后空中的水滴越大，彩虹就越窄，色彩就越鲜明。

相反，水滴越小，彩虹就越宽，色彩就越淡，让人觉得模模糊糊的。更有趣的是，有时候天空中会出现两条彩虹，它们的

颜色和宽窄都不一样，这也是正常现象，因为阳光在透过水滴的时候，发生了两次折射和反射。其中的一条叫主虹，它的色彩非常鲜艳，里面是紫色的，外面呈鲜红的颜色；另一条叫副虹，也叫作霓，它的里面是红色，外面是紫色，而且颜色比较淡。

除了彩虹的颜色外，它弯弯的形状也很吸引我们。为什么彩虹是弯的而不是直的呢？

原来，天空中所有的小水滴都排列在一个圆周上，太阳光通过水滴的折射作用，呈现出彩色的光线，这些弧形的光线才能投射到人的眼睛里。而且，不同波长的光在水滴上折

射的弯曲度是不一样的，红色光的弯曲度是最大的，橙色光和黄色光的弯曲度居中，绿色、青色、蓝色的弯曲度更小一些，而弯曲度最小的是紫色光。每一种颜色在天空中出现的位置和角度都各不相同，因此我们才能看到五彩缤纷的弯弯的彩虹。

另外，地球表面是弯曲的，覆盖着一层厚厚的大气层，这也是彩虹呈弧形的原因之一。

小朋友们还要知道的是，彩虹一定会出现在与太阳所在方向相反的天空，所以想在雨后观看彩虹，一定要找准方向哦！

你能找出两片
完全相同的树叶吗?

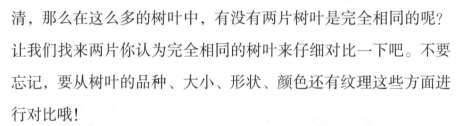

　　世界上有许多无法数得清个数的东西,除了星星, 还有树叶, 你能数清世界上到底有多少片树叶吗? 或者你能数得清一棵大树上有多少片叶子吗? 是的, 数不清, 那么在这么多的树叶中, 有没有两片树叶是完全相同的呢? 让我们找来两片你认为完全相同的树叶来仔细对比一下吧。不要忘记, 要从树叶的品种、大小、形状、颜色还有纹理这些方面进行对比哦!

　　其实想找品种、大小、形状、颜色都一样的两片树叶并不难, 但是找两片纹理一模一样的叶子可就不那么容易了。我们可以找来尺子和量角器等工具, 量一量每片叶子上有多少根粗细不同的叶脉? 每根叶脉的长短、叶脉与叶脉之间的距离以及它们的夹角都一样吗? 还有一种简便的方法, 就是把选好的两片树叶按照形状重叠起来, 仔细观察, 它们是否真的完全相同。

　　从几何图形的角度来讲, 世界上根本没有两片完全相同的树叶。

第四章

不同形状设计的秘密

蜘蛛网的形状

  蜘蛛既是益虫也是害虫。说它是益虫，是因为它能捕食农田中的害虫，而且它本身还能做药材；说它是害虫，是因为蜘蛛中

有不少是毒蜘蛛，它们不但危害农作物，还会伤害人类。据说，如果蜘蛛的肚子是红色的，那一定是有毒的。无论是益虫蜘蛛还是毒蜘蛛，它们捕食的方式都是一样的，就是通过织网来捕获猎物，那么蜘蛛网是什么形状的呢？

　　当看到一张圆形的大网挂在树杈间、藤条上或者屋檐下的时候，我们可以走过去近距离仔细观察。其实蜘蛛网并不是圆的，而是正多边形的，具体是几边形，就需要数一数才知道。这些正多边形呈现大圈套小圈的状态。另外，蜘蛛网从中间向四周伸展出许多条直线，这些直线和无数正多边形的边又构成了许多等腰梯形。看来蜘蛛网是由许许多多的等腰梯形构成的呢。如果蜘蛛

网遭到风雨或人为的破坏，蜘蛛会第一时间将它修得和原来的一模一样，这可真有趣。

　　仔细观察蜘蛛网，就能发现它还是比较美观的，因此，许多女性服装都是仿照蜘蛛网的形状来编织的。还有，人类根据蜘蛛网的网状和黏性的特点，利用"仿生学"创造了许多捕获猎物的工具。生活中，有些小朋友一定也利用过真正的蜘蛛网吧，拿一根带叉的树枝，把蜘蛛网缠在上面，然后用这个"树杈网"去黏捕蜻蜓、蝴蝶、知了等可爱的小生物，特别好用。但是一定要记住，那些有益的蜘蛛网，我们可是不能乱动的呀。

为什么大桥是弧形的?

为什么我们常说"雨后天空中出现的弯弯的彩虹就像一座七彩的桥",那是因为生活中我们见到的桥梁大多是弧形的,弧形也叫作拱形。为什么桥梁要将设计成弧形的呢?这其中包含着怎样的道理呢?

在解决这个问题之前,我们先要了解什么是弧形。弧形就是圆周或者曲线上的任意的一段。如果在弧形上施加重力,弧度就会把重力均匀地分散开,这样就不会轻易被压断。弧形具有把所受的重力均匀地分散开的特点,所以我们就不难理解弧形桥梁的设计了。

大桥本来就要承载重物的,尤其是繁华城市中的大桥,每天从它们身上驶过的大汽车、客车、出租车、小轿车不计其数,要是遇上道路维修,那些拉石料的大卡车更是重量级的。如果桥梁的承重力差,很轻易就会被压垮了,这样不但损失了国家的财

产，更可怕的是使人丧失生命。桥梁工程师们之所以想方设法把桥梁设计成弧形，就是因为这样才能更加坚固耐压，而且还能节省建桥的材料呢。

中国有名的赵州桥，坐落在河北省赵县洨河上。这座桥是隋朝时期由著名匠师李春设计和建造的，到现在已经有约 1 400 年的历史了，是当今世界上现存最早、保存最完整的古代单孔敞肩石拱桥，在 1961 年被国务院列为第一批全国重点保护文物。它之所以能够保存到现在，就是因为弧形的设计。还有明清时期著名的大石桥、南门桥、马鞍桥、仁寿桥等，都是这样的设计。

地砖设计的秘密

我们经常在广场上放风筝，去公园里玩耍，可是你有没有留意过脚下的地砖呢？它们花样繁多，材料也不同，有的是水泥的，有的是砖瓦的，还有的是陶瓷的。这些地砖不仅美化了街道，也让行走在上面的人们感到平坦舒适。如果细心观察，你会发现地砖一般都是正方形或正六边形的。为什么很少见到正三角形或正五边形的地砖呢？

首先，正多边形中的每个角的度数都是一样的。比如正三角形的每个内角都是 60°，正方形的每个内角都是 90°，正五边形的每个内角都是 108°，而正六边形的每个内角都是 120°。我们再来看看怎样铺地砖最合理。地砖应该是铺满整个地面的，每块地砖连接的地方没有空隙，看上去既整齐又美观。怎样才能使地砖之间没有空隙呢？只有拼接的几块地砖的内角的度数加起来等于 360°，才能满足这个要求，而能满足这个条件的只有正三角形、正方形和正六边形了。正三角形的地砖要用六块拼接才能没有空隙，正方形地砖要用四块拼接就没有空隙，而正六边形的地砖只要三块就能铺满。而正五边形的地砖，铺三块会有空隙，铺四块就会出现重叠。

三角形的地砖也能够铺满地面，但是为什么很少见到这种形状的地砖呢？这是因为，在同一个位置，铺正六边形的地砖只需要三块，正方形的需要四块，而三角形的则需要六块，地砖数量越多，接缝也就会越多，地面就不容易铺平整，而且会给运输带来不便，铺起来也要多费力。另外从美观的角度来看，三角形的地砖不如正方形和正六边形的地砖好看。因此，在地砖铺设中，形状大多是用正方形和正六边形的。

与众不同的钉子截面

一般情况下，我们用的钉子长短和粗细各有不同，如果你钉过钉子，那你一定很熟悉钉子的形状。用铁锯将它们截开，你会发现，它们的截面都是圆的。可是钉皮鞋的钉子却不一样，它的截面不是圆形的，有些是三角形的，有些是正方形的，这是为什么呢？

钉子是用来固定物体的，人们用锤子等工具把钉子牢牢地嵌入到木头等物体当中。那么截面是圆形的钉子和三角形、正方形的钉子的

固定效果有什么不同呢？原来，各种钉子截面的周长不一样长。周长就是图形一周的长度，我们用一根铁丝围成一个圆形，这根铁丝的长度就是这个圆形的周长。面积指的是一个平面图形的大小，通俗来讲就是它占了多大地方。在几何图形中，如果三角形、正方形、圆形的面积一样大，那么，圆形的周长一定是最小的，而三角形的周长是最大的。当钉子钉在物体里的时候，钉子的截面的周长越大，说明它与物体的接触面就越大，那钉得也会越牢固。人们用钉子钉皮鞋当然希望钉得牢固，因此就制造了截面是三角形和正方形的钉子来做鞋钉。这是几何图形的知识在人们日常生活中的应用。

由此，我们也能想到那些需要用截面是三角形、正方形的钉子施工的地方，比如用木材建造的房屋里的木钉子、钢筋水泥墙体里的水泥钉、地板拼接的地方用的铁钉子，只要是要求钉牢靠的地方，最好使用截面是三角形或者正方形的钉子。

蜂窝的形状

　　大自然中有太多太多我们意想不到的奇迹。小朋友们一定见过超市货架上摆放的蜂蜜吧，有椴树蜜、洋槐蜜等各种蜂蜜，蜂蜜不但味道甘甜，而且它的营养价值也非常高，可以养颜、去火、通便。那你知道蜂蜜是怎么来的吗？蜂窝又是什么样的呢？

　　我们经常看到小蜜蜂在花丛中飞来飞去，但它们可不像蝴蝶那样只顾玩耍，而是趁着花期忙着采蜜。小蜜蜂专门采含水量大约占80%的花蜜或者植物茎叶的分泌物，然后把这些花蜜和分泌物保存在自己的体内发酵30分钟，回到蜂巢中再吐出来，经过一段时间后，花蜜中的水分蒸发了，成为水分含量少于20%的蜂蜜，小蜜蜂就会把蜂蜜存贮到巢洞当中，再用蜂蜡密封起来，蜂

蜜就形成了。其实，最有趣的还是蜜蜂那些正六边形的蜂窝。

据说在很久以前，蜜蜂本来是把蜂窝做成了圆筒的形状，就像无数个挨在一起的圆柱体。因此蜜蜂每次酿蜜、存蜜都要做许许多多的圆筒，后来这些挤在一起的圆筒之间互相挤压，就都变成了六棱柱了，这些六棱柱的底面被挤成了正六边形，它们的开口也就是正六边形的了。从物理学的角度来分析，六棱柱的结构要比圆柱形结构稳固多了，不容易遭到外界的破坏。

正六边形的蜂窝只有稳固这一个好处吗？在 18 世纪的法国，有一个叫马拉尔的人细心地测量了蜂窝的六棱柱底面的角度，发现每个锐角和每个钝角的度数都是一样的。另一位物理学家从中受到了启发，他想：蜜蜂是用自己身上分泌出来的蜂蜡来建造蜂窝的，蜂蜡是既耐热又结实的材料，想得到蜂蜡也不是件容易的事。为了更多地分泌蜂蜡，蜜蜂就要吃掉很多的蜂蜜，这样一点一滴地建造蜂窝是相当不容易的。那么，蜜蜂是不是为了节省蜂蜡，同时又要保证蜂房里有足够大的空间，才把蜂窝做成六边形的呢？经过数学家们精心的计算，终于得出了结论，蜂窝建造成六边形确实非常节省材料。看来，蜜蜂是很聪明的哦。

后来，人们从蜂窝的构造上得到了启示：制造飞机的材

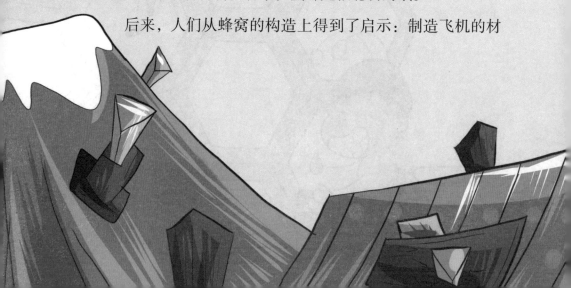

料也是很昂贵的，为了节省材料，减轻机身的重量，保证飞机结实、耐热、隔音，飞机工程师们就向聪明的蜜蜂学习，制造了蜂窝状的壁板，壁板的中间充满了孔洞，被人们叫作蜂窝式夹层。

蜂窝造型在建筑上也有很多应用。

聪明的蜜蜂给我们带来营养丰富的蜂蜜的同时，还告诉我们这么神奇的道理，它们真了不起。

圆形的车轮

在日常的生活当中，我们每天都能看到汽车、自行车和婴儿车等，它们的轮子随着车身在地上不停地转动。那么，小朋友们有没有想过这样一个问题：车轮为什么不是三角形或者四边形的，而是圆形的？这里面到底藏着哪些奥秘呢？

首先我们来了解车轮发展的历史。在很久很久以前，人们搬运一些比较重的东西非常困难，把它扛在肩上根本扛不动，于是有人想到一个办法，从地上捡几根折断的粗树枝，用藤蔓连接起来，制成一张大"网"，把东西放到这张大"网"上，用手拽着两根长一些的树枝走，虽然这样也比较费力气，但是要比用肩膀扛轻快多了。后来人们又想到更加省力的办法，就是把两根木棍并排起来，中间系上一块兽皮或

者粗布，就像现在医院抬病人用的担架。放上东西后，人用双手抓着棍子的一端在地上拖着走。但这些方法用起来仍然很笨拙，尤其是在坑坑洼洼的山路上，拖着棍子走路还是很吃力的。

　　有一天，突然刮起狂风，人们发现在狂风的吹动下，圆溜溜的石头和圆木头滚动起来要比别的东西快多了。这个自然现象给了人们很大的启示。于是有人就找来比较粗的圆木头，把它们截短，选择两块最圆的，分别在中间凿个洞，然后找一根细一些的木棍插进两根圆木的洞里，就像现在汽车的轴承一样，把圆木头连接起来，这样，一种能够滚动的工具就出现了，用它载东西相

当轻便。可是新问题又出现了，当所载的东西特别重的时候，木头做的滚轮就会被压裂。怎么办呢？人们又想法子在这种木头轮子上套上铜箍或者铁箍。经过两千多年的发展，钢铁出现了，木轮逐渐被钢制轮所取代，外边加上了橡胶轮胎，里面充满气，不但抗压力强，还能减少颠簸。这样，车轮才算发展完善了。

车轮之所以设计成圆形，这与圆的特点是分不开的。圆是这样形成的：一条线段围绕着一个端点在平面内旋转一周，另一个端点的运动轨迹就形成了一个圆，所围绕的端点就是圆心，圆心与圆周任何一点的距离都是相等的，也就是线段的长度，叫作圆的半径。无论圆怎样运动，它的半径都是不变的，其他图形都不具备这个特点。因此，圆形的车轮无论怎样转，车轴与地面的距离都不会变，这样车才能保证平稳前进。

圆是最常见的图形之一，它与太阳、圆月的形状类似，人们在生活中也习惯利用这种图形。

音乐厅天花板的球面设计

　　闪亮炫目的音乐厅是唱歌和听歌的地方。当我们坐在音乐厅里，欣赏着动听的歌曲和美妙的音乐的时候，你有没有注意到音乐厅在建筑上的特点呢？抬头看看音乐厅的天花板，除了能发出五颜六色的光线外，它的形状和我们家里的天花板一样吗？是平的吗？当然不是平的，音乐厅的天花板往往会设计成球面或者椭球面的，这是为什么呢？

　　首先我们要了解椭球面图形的特点。椭球面是由椭圆形得来

的，椭圆形有两个对称轴，我们让一个椭圆形围绕它的一个对称轴旋转一周，就会得到一个椭球体，就像体育比赛中的橄榄球一样。在数学中，椭圆有两个特殊的点，叫作焦点，随着椭圆的运动，两个焦点的距离也会发生变化，而且它们还会有重合的时候，这时椭圆就会变成正圆，而两个重合的焦点就变成了圆心。椭圆的两个焦点会受到光线的影响，它会对射进来的光线进行反射或者折射，如果在一个焦点处放一盏灯，灯光通过椭球表面的反射作用，会聚集到另一个焦点处，反过来也一样。也就是说，椭球面有反射光线的作用，会让灯光成倍展现。所以，我们在音乐厅中看到的五光十色闪亮的灯，是利用了椭球面反射的作用形成的。

声音也一样，当唱歌的人站在一个焦点处唱歌，他的歌声会通过椭球面的反射传送到另一个焦点处，坐在那里的听众会听得一清二楚，就像音乐厅当中设置了两个舞台，两边听众会同时听到一个人的歌声。这样既节省空间又节省材料，还使音乐厅的音乐效果特别好。

罗马万神殿
的神奇设计

如果你去罗马旅行，万神殿可是必须参观的建筑之一，它是古罗马建筑艺术的杰作，是世界级的珍贵遗产。万神殿曾经被意大利的大画家米开朗琪罗赞叹为"天使的设计"。它兴建于公元前27—公元前25年，由罗马帝国首任皇帝屋大维的女婿阿格里帕建造，是至今保存最完整的一座罗马帝国时期建筑。那里面供奉着罗马全部的神，所以叫作万神殿。

据说建造万神殿时所用的材料，都是用火山灰制成的混凝土烧制而成的，

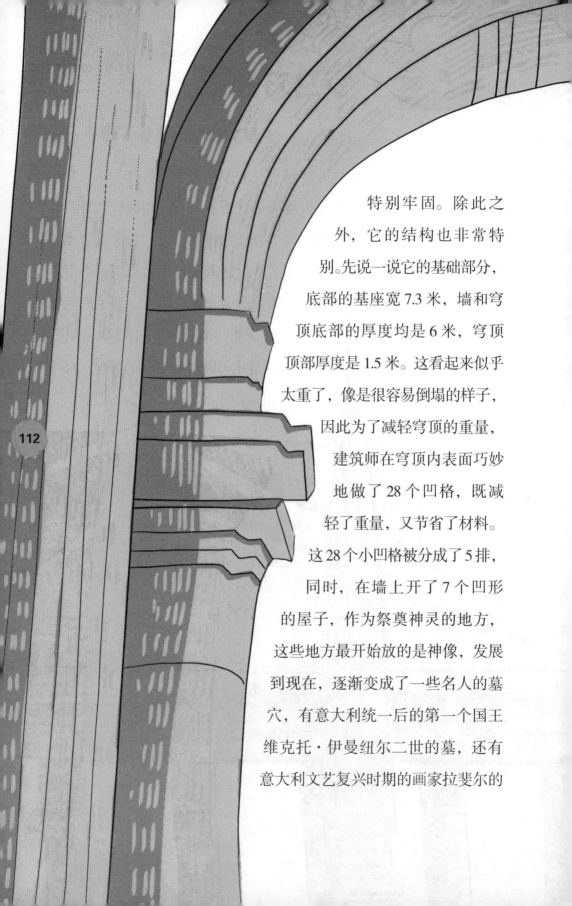

特别牢固。除此之外，它的结构也非常特别。先说一说它的基础部分，底部的基座宽 7.3 米，墙和穹顶底部的厚度均是 6 米，穹顶顶部厚度是 1.5 米。这看起来似乎太重了，像是很容易倒塌的样子，因此为了减轻穹顶的重量，建筑师在穹顶内表面巧妙地做了 28 个凹格，既减轻了重量，又节省了材料。这28个小凹格被分成了5排，同时，在墙上开了 7 个凹形的屋子，作为祭奠神灵的地方，这些地方最开始放的是神像，发展到现在，逐渐变成了一些名人的墓穴，有意大利统一后的第一个国王维克托·伊曼纽尔二世的墓，还有意大利文艺复兴时期的画家拉斐尔的

墓。穹顶顶部的高度和直径是相等的，这样，万神殿内部的空间就显得完整紧凑。最完美的地方是，万神殿的剖面恰好可以容得下一个整圆，它的几何形式的结构显得特别和谐，经常被后人当作成功的例子拿来分析和学习。

另外，万神殿的正面还有一个长方形的柱廊，宽约34米，高达15.5米，柱廊中有16根圆圆的大柱子，这些柱子被分成三排，前排有8根，中、后排各分布4根，这些柱子都是用花岗岩加工制造而成的，高度是 14.18 米，柱的底部直径是 1.43 米，柱子的顶端和它们的底座是用白色大理石加工制造而成的，美观而又牢固。

公元 80 年，罗马发生了一场巨大的火灾，万神殿的大部分都被烧毁了，仅仅剩下了那个长方形的柱廊，人们把这个柱廊当作重建的万神殿的门廊，门廊顶上刻有初建时期的纪念性文字，虽然原来的万神殿被烧毁了，但从门廊正面的八根巨大的圆柱上，仍然可以看出万神殿最初的建筑规模。

万神殿之所以坚固，从几何图形的角度来分析，是因为它的整体结构属于拱形结构，拱形结构的特点是受力非常均匀，这就使四周的柱子只受到垂直方向的重力，而没有受到水平推力，所

绘画与数学

　　绘画，指的是用画笔、刀子、板刷、颜料等工具，在纸张、木板、墙壁、纺织物等平面上塑造各种形象的艺术形式。绘画是一种艺术，但它又不仅仅是艺术，绘画受数学知识的影响非常深远。研究数学使用的是人的右脑，绘画使用的是人的左脑，而且研究数学的人大多很理性，画家却多情浪漫。它们会有什么联系呢？事实证明，绘画与数学是永远也分不开的。

　　最显而易见的，无论是人物画、山水画、虫鸟画，每一幅画都是点、线、面的组合，最重要的是，绘画中的透视规律是地地道道的数学知识呢。

我们在窗前透过玻璃平面去看景物，这就是透视。如果把所看到的物体形象按照原来的样子画在玻璃平面上，这就叫作物体形象的透视图形。画家平时写生画画，其实就是将物体的透视图形画在纸上。通俗一点讲，就是把立体的事物在平面上表达出来。

当我们站在一条很长的绿荫道中间向前方望去，就会发现绿荫道越来越窄，道旁的树木越远越小，甚至渐渐地汇聚到了一点，直至最后消失了。这就是近大远小、近高远低、近宽远窄的透视现象。在平视物体的时候，会有一条与眼睛等高的水平线叫视平线，物体到远处慢慢汇成一个点，在眼睛的正前方，这就是消失点。透视现象、视平线和消失点是绘画中不可缺少的三种元素。

在绘画中，透视分为平行透视、成角透视和圆形透视。

我们用六面体作为例子来讲。如果六面体中的一个面和画面平行，那么其他的面就会逐渐向心点消失，这种透视现象就是平行透视。平行透视中只有一个消失的点，就是所谓的心点。方形物体的平行透视，最少可以看到一个面，比如，我们正面画墨水

盒、字典等，最多可以看到三个面。

如果你要画一个方形的物体，它的每一个面都不与画面平行，而且形成一定的角度，透视变线消失在两侧的点上，这种透视就是成角透视。它有两个消失点，叫余点，余点一定在视平线上。在方形物体的成角透视中，最少可以看到两个面，最多也只能看到三个面。比如，从侧面看冰箱、纸箱等。

根据透视的原理，一个平面的正方形平放在视平线以下，我们可以看到它远近的边长，平面正方形的透视形状就成了一个梯形了。而把平面圆形放在我们的视平线以下，它的透视形状就成了一个椭圆形，这就是曲线透视。在画曲线透视时，就是画椭圆。先找到椭圆的长轴和短轴，然后作弧，逐步完成椭圆形。水杯是我们最常画的，在平面的纸张上，圆形的杯口往往会变成椭圆形。

除了重要的透视知识，绘画中还讲究几何的形体结构，也就

是物体的形状、构造和组合方式。

比如画一个杯子，既要考虑杯子的形状、大小，还要想到杯底和杯体的构造组合方式。在生活中，不管我们看到的物体的形体如何复杂，只要我们把它的各个部分看成是不同的基本形体来认识和理解，然后再组合到一起去画，就很容易掌握了。比如灯笼是由上面的长方形、中间的椭圆形、下面的长方形，再加上正方形的穗子构成的；花瓶可以看成是由一个细高圆柱体的瓶颈、椭圆体的大肚子和矮圆柱体的底座构成的。

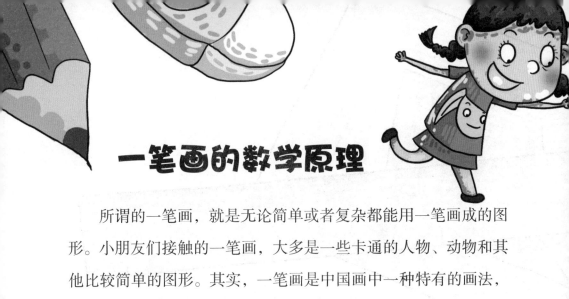

一笔画的数学原理

　　所谓的一笔画，就是无论简单或者复杂都能用一笔画成的图形。小朋友们接触的一笔画，大多是一些卡通的人物、动物和其他比较简单的图形。其实，一笔画是中国画中一种特有的画法，在绘画领域是非常重要的。因为，能够一笔画出一幅画的人，必须对所要画的事物进行过长期细致地观察，做到心中已经有了完整的图形的轮廓，才能落笔完成绘画的。虽然一笔画属于美术的范畴，但是它与几何图形知识密切相关。

　　在数学知识中，一笔画的用意是判断某一个图形是否能够一笔画出来。在图形中，有许多的端点，每个端点都会连接着一条、两条或者更多条线，人们根据每个端点连接的线的数量分成奇点和偶

119

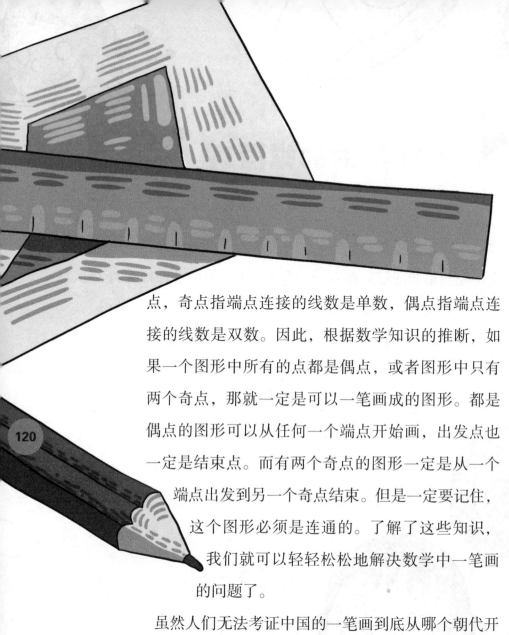

点，奇点指端点连接的线数是单数，偶点指端点连接的线数是双数。因此，根据数学知识的推断，如果一个图形中所有的点都是偶点，或者图形中只有两个奇点，那就一定是可以一笔画成的图形。都是偶点的图形可以从任何一个端点开始画，出发点也一定是结束点。而有两个奇点的图形一定是从一个端点出发到另一个奇点结束。但是一定要记住，这个图形必须是连通的。了解了这些知识，我们就可以轻轻松松地解决数学中一笔画的问题了。

虽然人们无法考证中国的一笔画到底从哪个朝代开始出现的，但是，历史有记载关于一笔画的创作和能画出一笔画的人物。在中国南朝宋明帝时期有一个了不起的宫廷画家叫陆探微，据说他是中国最早的画圣，也是当时唯一能够画一笔画的人。中国近代大画家赵子云，据说他也能将复杂的图画一笔画成，甚至人物头饰、衣

服褶皱都能表现得非常清晰。自
2000 年以来，青年书画家罗一鸣老
师把一笔画搬入课堂为学生讲解，他的《一笔八骏图》非常出名，
他还曾经在人民大会堂进行展演，现场用一笔勾勒出了气势磅礴
的八骏奔腾图，令人叫绝。最近，大连有个叫胡泽旭的小画童，
只用了一条线就将 2010 年上海世博会的场面表达得淋漓尽致。

　　生活中的物品，想要一笔画成，必须先仔细地观察它的构
造，构思要敏捷，画画时要全神贯注，行笔的线条必须流畅，
这样一笔画图用的时间相当短，很多地方都会举行一笔画限时大
赛，还有利用一笔画的数学原理来制作游戏的。

　　一笔画虽然只是一笔画成的图形，但是画一笔画能够锻炼儿
童的观察力、想象力、记忆力、创造力和注意力，因此有非常重
要的意义。

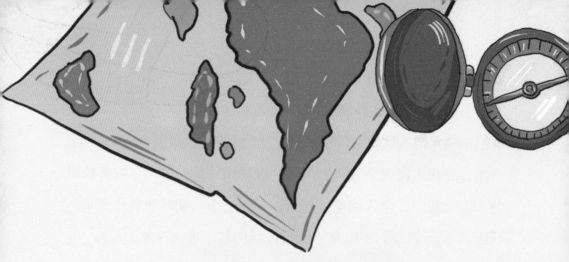

名画中的神秘符号

即便是在今天，由达·芬奇在文艺复兴时期创作的不朽名作《蒙娜丽莎》仍然充满神秘感，画中少妇嘴角勾勒出迷人的笑容，但她的真实身份却始终无从得知。

这幅油画也是美国著名畅销书作家丹·布朗所著的《达·芬奇密码》的一个卖点，这本小说于2006年被搬上荧屏，好莱坞影帝汤姆·汉克斯所扮演的男主角解读出了隐藏在《蒙娜丽莎》和《最后的晚餐》以及达·芬奇其他名作中的秘密信息。

现在，据意大利文化遗产全国委员会成员透露，经过高分辨率的放大镜放大后，他们在蒙娜丽莎的双目中发现了数字和字母。委员会主席希尔瓦诺·文塞蒂称，这些符号用肉眼看不到，但在放大镜下却清晰可见。

"右眼内有 LV 字母，这很可能代表了他的名字达·芬奇（Leonardo Da Vinci)，而左眼内

也有一些符号，但却很难清楚地辨认它们，但看起来像是字母 CE，或是字母 B——你必须记住，这幅作品创作于近 500 年前，所以它们不可能像刚刚画完时那样棱角分明，清晰可见。在背景中的拱桥上可以看到数字 72，或者是一个 L 和 2。"

前往巴黎卢浮宫画廊检查这幅画的文塞蒂解释称，继委员会成员路易吉·波吉亚在古董店发现一本发霉的小册子后，《蒙娜丽莎》便蒙上了一层丹·布朗式神秘。这本有 50 年历史的小册子描写到，蒙娜丽莎的眼睛中充满了多种标志与符号。

文塞蒂还补充称："我们进行的这项调查仅仅处于初始阶段，我们希望能够更深地挖掘这个玄机，并且尽快地揭示更多详情。值得注意的是，先前任何人都没有注意到这些符号，通过初步调查我们确信它们的存在并非错误，而是画家画上去的。"

文艺复兴历史学家文森提是该组的成员之一，他要求法国官方允许发掘卢瓦尔河谷阿姆博斯城堡墓地中达·芬奇的遗骨。他们想知道达·芬奇的头骨是否仍

在那里，以尝试并重构他的脸部，以确定蒙娜丽莎是否真的像许多人认为的那样是他自己的自画像。

一些历史学家认为，达·芬奇是同性恋，而且他对谜题的热爱使他将自己画成女性。还有理论认为蒙娜丽莎实际上是丽莎·吉拉蒂尼，是一名佛罗伦萨商人的妻子，甚至还有人说蒙娜丽莎可能是达·芬奇的母亲。

后来，文森提在意大利托斯卡纳海岸 Porto Ercole 一处被遗忘的墓穴里发现了文艺复兴时期艺术家米开朗琪罗·梅里西（也称卡拉瓦乔）的骸骨，在全世界引起了巨大反响。